U0811719

信息图少儿奇趣百科系列

日新月异的科技

[英] 乔恩 · 理查兹　[英] 艾德 · 西姆金斯　著　马阳阳　译

RIXINYUEYI DE KEJI

GUANGXI NORMAL UNIVERSITY PRESS
广西师范大学出版社
· 桂林 ·

目录 | CONTENTS

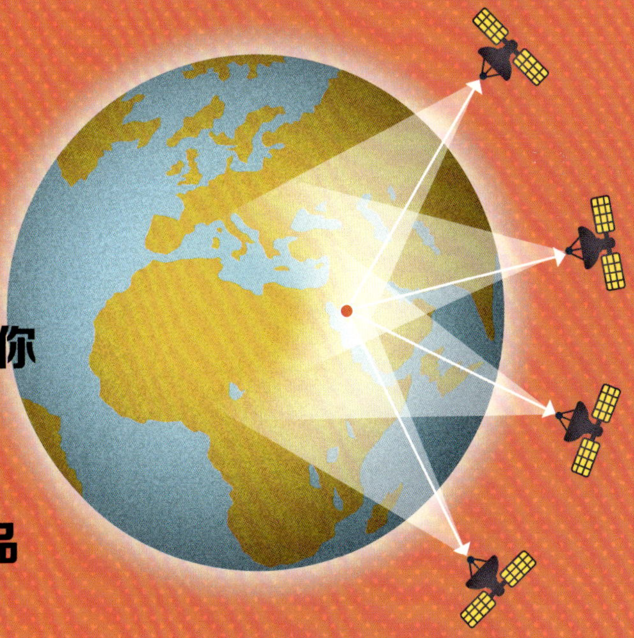

科技带来奇迹

为了让生活更加便捷舒适，人类始终在开发新技术——从利用火来烹饪食物，到发明汽车运送货物，再到利用高科技向地球另一端传送数据，等等。本书将为你讲述现代世界的一些科技奇迹。接下来，让我们一起来了解这些技术的原理，以及它们是如何让生活变得更加美好的。

信息技术

有了互联网，我们可以远距离收发各种形式的信息。从2000年到现在，世界各地的互联网使用者已经从3.94亿增加到了30亿。近些年来，我们获取信息的方式也发生了巨大变化，越来越多的人已不再使用台式电脑，转而使用手机、平板电脑等移动设备。

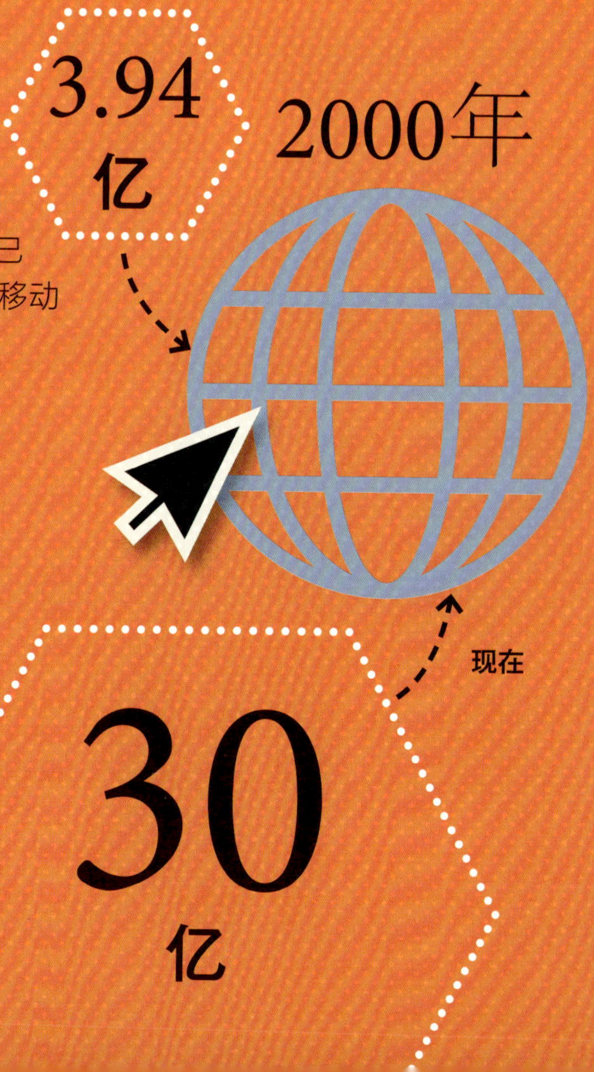

现在，全球三分之一的人口已办理了移动宽带业务，比2011年翻了一番。

数字生活

一个人在21岁之前，大约会花费200天打电子游戏，400天操作手机，发送25万条消息。

4 800 个小时

9 600 个小时

250 000 条消息

电子垃圾

随着科技的进步和技术产品的升级，人们往往会丢弃被淘汰的老旧产品设备。例如，全世界每年丢弃的包括电脑在内的各种电子设备的质量高达5 000万吨，是埃及胡夫金字塔质量的7倍多！

家庭如何独立发电

当今社会，很多家庭都接入了燃气管道和供电设施，但燃气和电这些能源在生产和使用过程中都可能会带来污染。不过，只要将房屋改造一番，就可以用上无污染的家用能源啦！

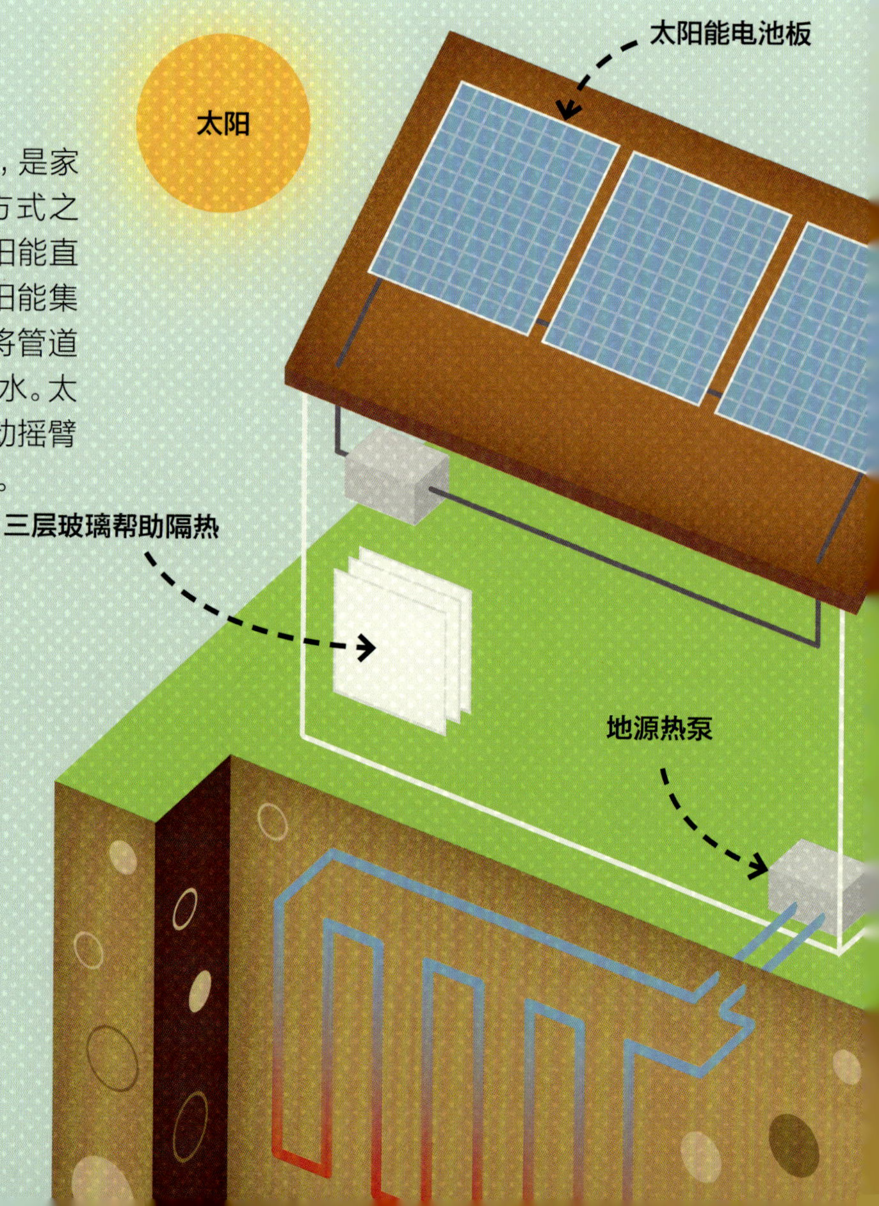

❶ 屋顶

在屋顶装上太阳能电池板，是家庭生活中利用太阳能的两种方式之一，光伏太阳能电池板可将太阳能直接转化为电能。而另外一种太阳能集热器，可以利用太阳光的热量将管道中的水加热，给家庭生活提供热水。太阳能电池板甚至可以装到可移动摇臂上，以便于跟踪太阳和调整角度。

❷ 地下

地表以下的土壤常年都可以保持恒定的温度。地源热泵将水注入埋藏在地下的管道中，然后用收集到的热量温暖房屋或者用于提供热水。

动动手，动动脑

为你的学校设计一套发电系统。思考一下，哪种方法最有效？位置设在哪里发电量最多？学校里有没有风大的地方，适合安装风力发电机？有没有大片光照充足的地方，适合安装太阳能电池板？

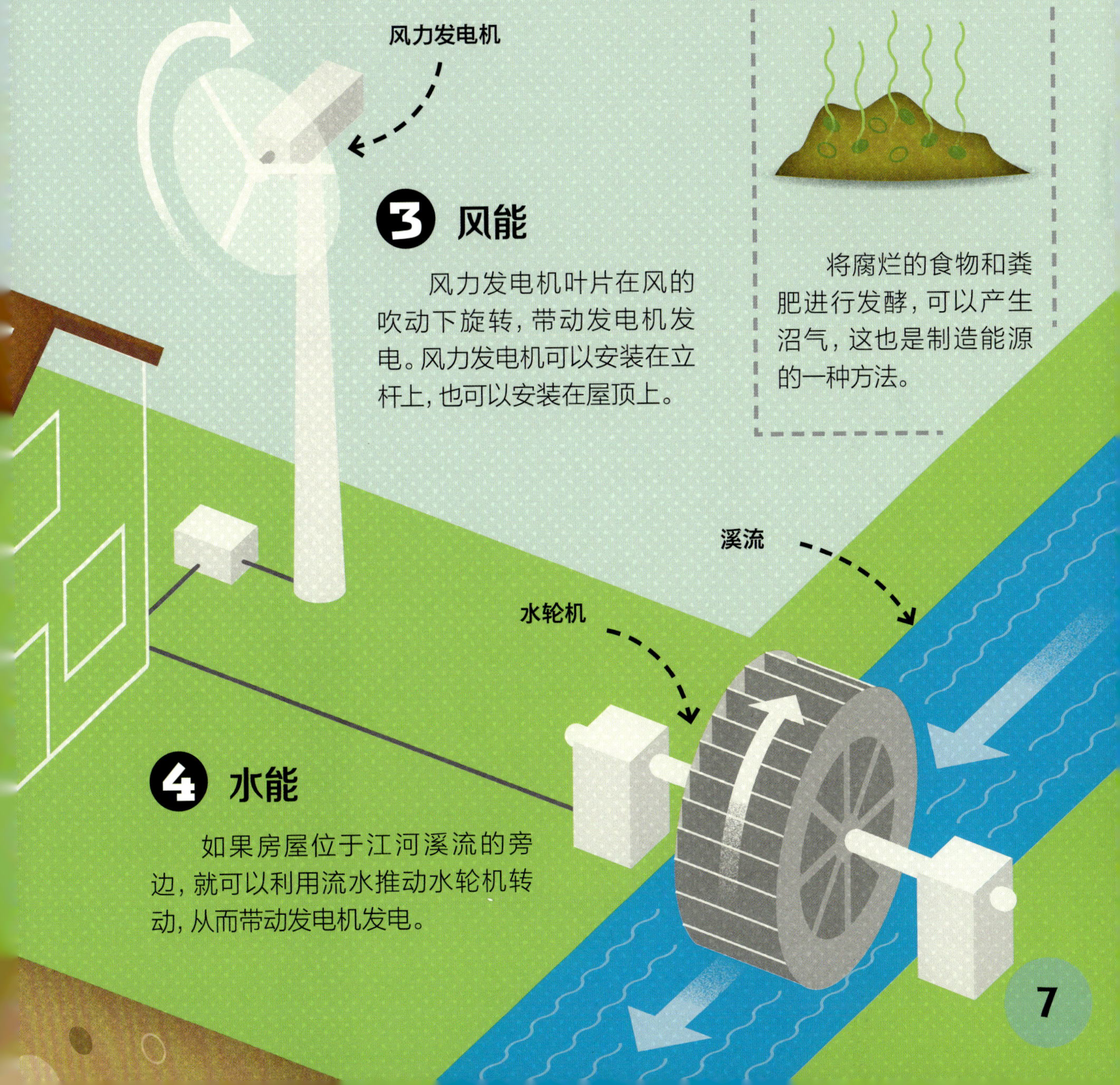

3 风能

风力发电机叶片在风的吹动下旋转，带动发电机发电。风力发电机可以安装在立杆上，也可以安装在屋顶上。

将腐烂的食物和粪肥进行发酵，可以产生沼气，这也是制造能源的一种方法。

4 水能

如果房屋位于江河溪流的旁边，就可以利用流水推动水轮机转动，从而带动发电机发电。

电灯泡如何发光

在电灯泡发明以前，人们点蜡烛或者用煤气灯照明。现在，我们只要按一下电灯开关，明亮又节能的发光二极管（LED）灯就亮了。这种LED灯可以发出高能效的光。

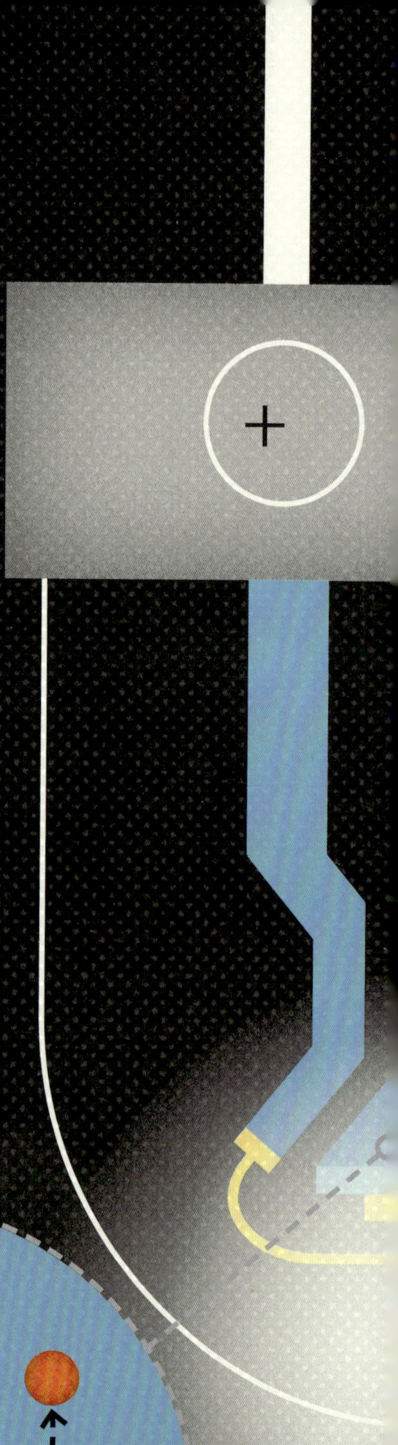

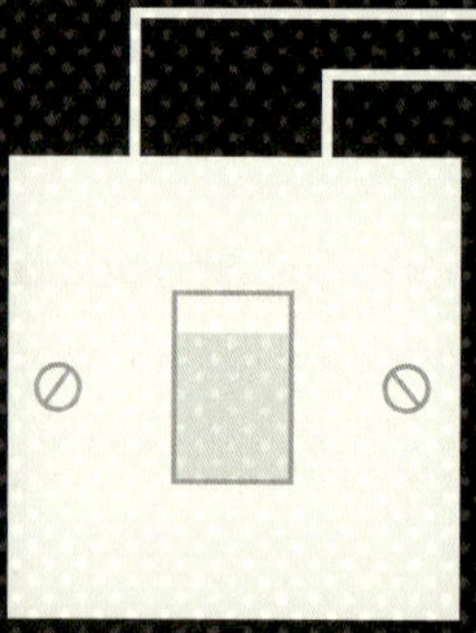

开关

❶ 开关

按下电灯开关，电流沿电线到达LED灯泡中。

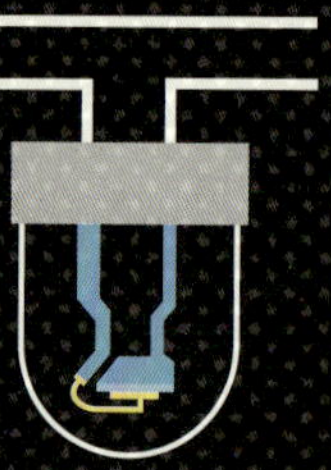

LED灯泡

❷ 二极管

LED灯泡里面有一根二极管。二极管包含两个部分：n区和p区。n区有多余的电子，p区几乎没有电子，但是有空穴。

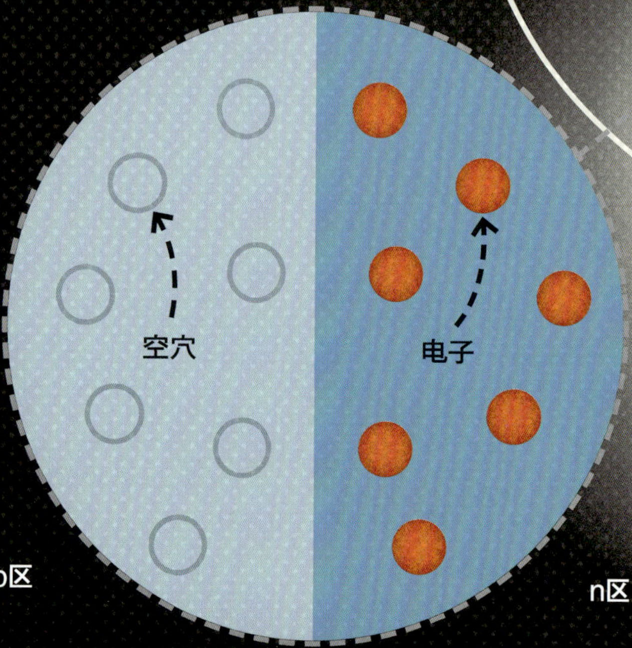

p区

n区

LED灯的使用寿命是传统灯泡的50倍。

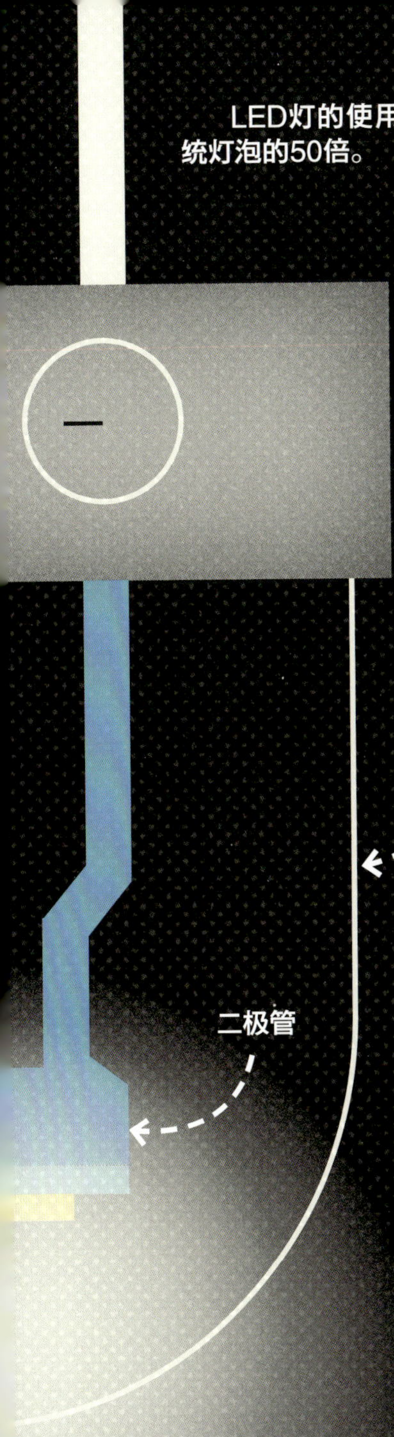

动动手，动动脑

如果传统灯泡的使用寿命为1 200小时，那么现在的LED灯泡的使用寿命为多久？

传统灯泡的典型特征是玻璃灯泡里面紧紧缠绕着一圈细灯丝。电流通过时，灯丝会发光。然而，这种灯泡的能源利用率极低，大约90%的能量并没有转化为光能，而是以热能的形式被消耗了。

3 电流

电流通过n区和p区时，会推动电子注入p区，空穴注入n区。

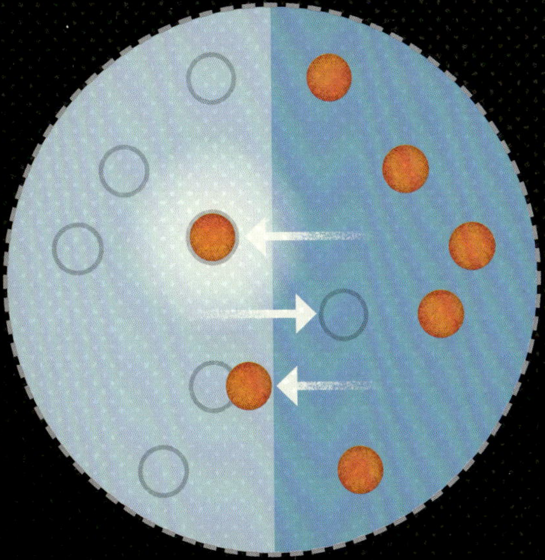

4 发光

电子与空穴结合后，形成完整的原子，会产生一小部分能量，并以光的形式释放出来。这种反应叫作电致发光。

微波炉如何烹饪食物

普通的烤炉，是通过燃气火焰或者电发热管，加热食物周围的空气，由外向内加热食物。而微波炉则是利用辐射，由内向外加热食物。

❶ 产生微波

微波炉内部有一个零件叫磁控管，它可以产生微波辐射。

❷ 发散

辐射波从磁控管中释放出来后，通过旋转的风扇四下发散出去。

微波属于电磁波的一种，其他的电磁波还有可见光、无线电波和X射线等。

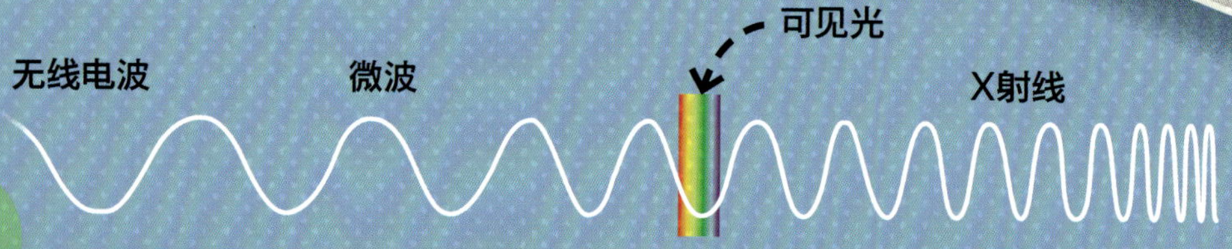

动动手，动动脑

冷冻食品在微波炉中烹饪时，解冻需要5分钟，加热需要6.5分钟，然后静置1分钟。请计算烹饪这种冷冻食品所需的时间总长，用秒来表示。

3 反射

辐射波在微波炉的内壁上被不断反射，这样一来，食物的各个部分都能接收到同等量的辐射波。

4 振动

辐射波穿过食物时，会引发食物内部水分子的振动。

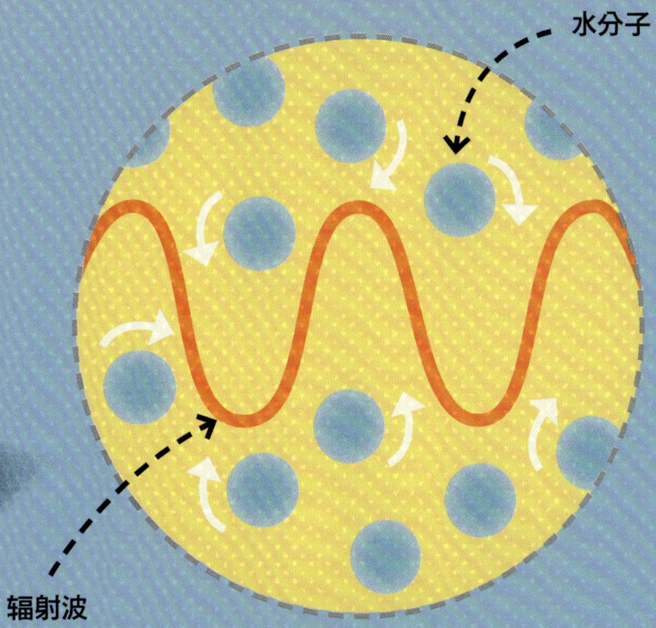

5 烹饪

水分子的振动让食物内部升温，食物就被从内而外加热了。

冰箱如何保持食物新鲜

冷藏食物，可以减缓食物中的细菌活动，防止食物被细菌污染后腐烂变质。将食物放到冰箱里，保鲜时间可以比在常温状态下更长久。

❶ 管道网络

冰箱的内部和外部有一根管道连通，管道内部装的是一种叫制冷剂的化学物质。

❷ 膨胀阀

管道进入冰箱内部时，会通过一个膨胀阀，使制冷剂膨胀。膨胀令制冷剂温度下降，因此流入冰箱内部的制冷剂是冰冷的。

❸ 制冷

冰冷的制冷剂从冰箱内部吸收热量，使冰箱内部降温。

4 压缩

制冷剂沿管道流到冰箱外侧，经过压缩机时受到压缩，温度升高。

5 冷却

经过压缩的制冷剂流经一组叫作冷凝器的细管，制冷剂中的热量就从这里散到外面的空气中。

6 循环

随后，制冷剂流回冰箱内，重复上述循环，将更多的热量从冰箱内带出，直到冰箱达到恒温调节器指定的温度。

动动手，动动脑

往自行车轮胎中打气，感受一下打气筒出气口是凉的还是热的。将手指放在打气筒的下端，继续打气，手指会感到越来越热，还是越来越凉？

扫地机器人如何清扫房间

扫地机器人使用刷头和吸盘清理灰尘，工作原理很像吸尘器。不过，扫地机器人工作的时候，无需人力介入也能回避障碍物，将灰尘清理干净。

❶ 红外线传感器

扫地机器人的机身周围装有多个传感器。其中，红外线传感器可以发射不可见光，并探测不可见光有没有从墙壁及其他障碍物上反射回来，从而确定前方有无障碍物。

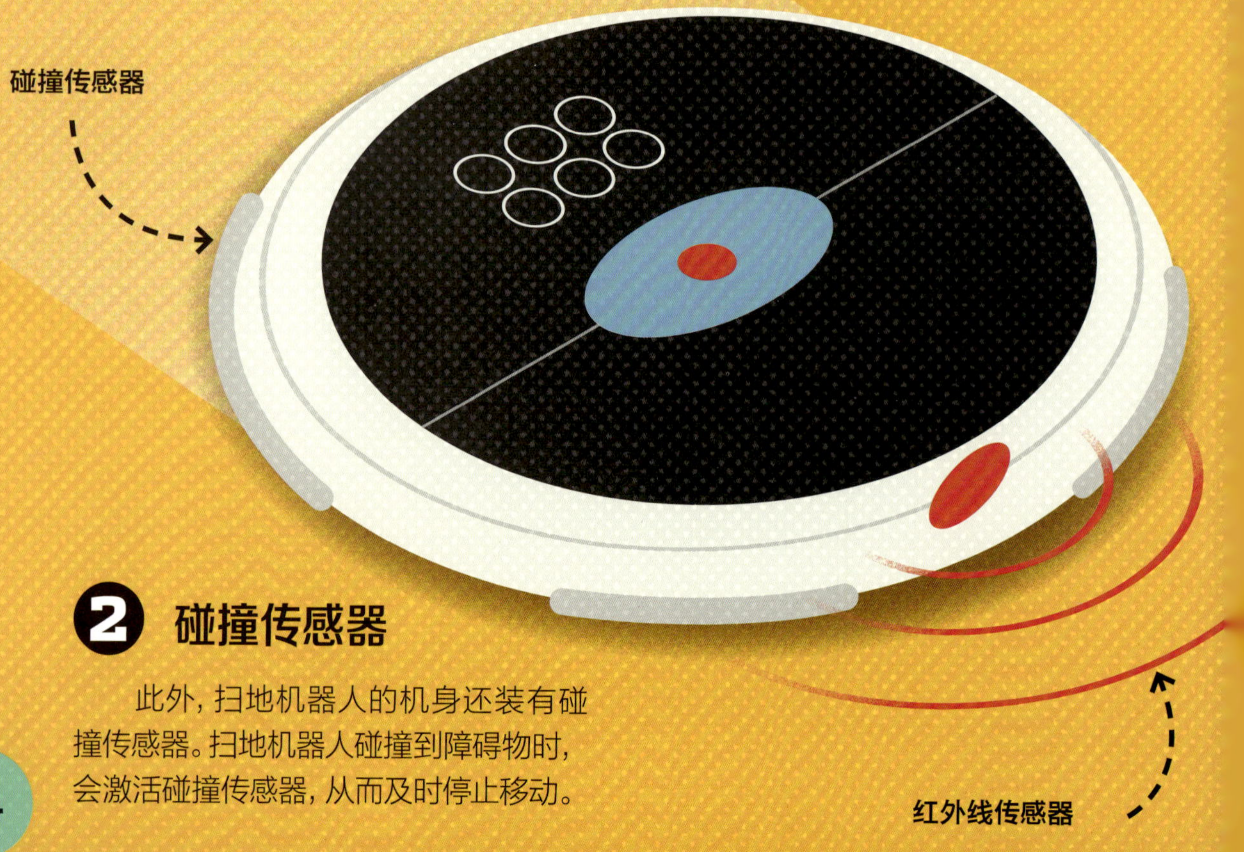

❷ 碰撞传感器

此外，扫地机器人的机身还装有碰撞传感器。扫地机器人碰撞到障碍物时，会激活碰撞传感器，从而及时停止移动。

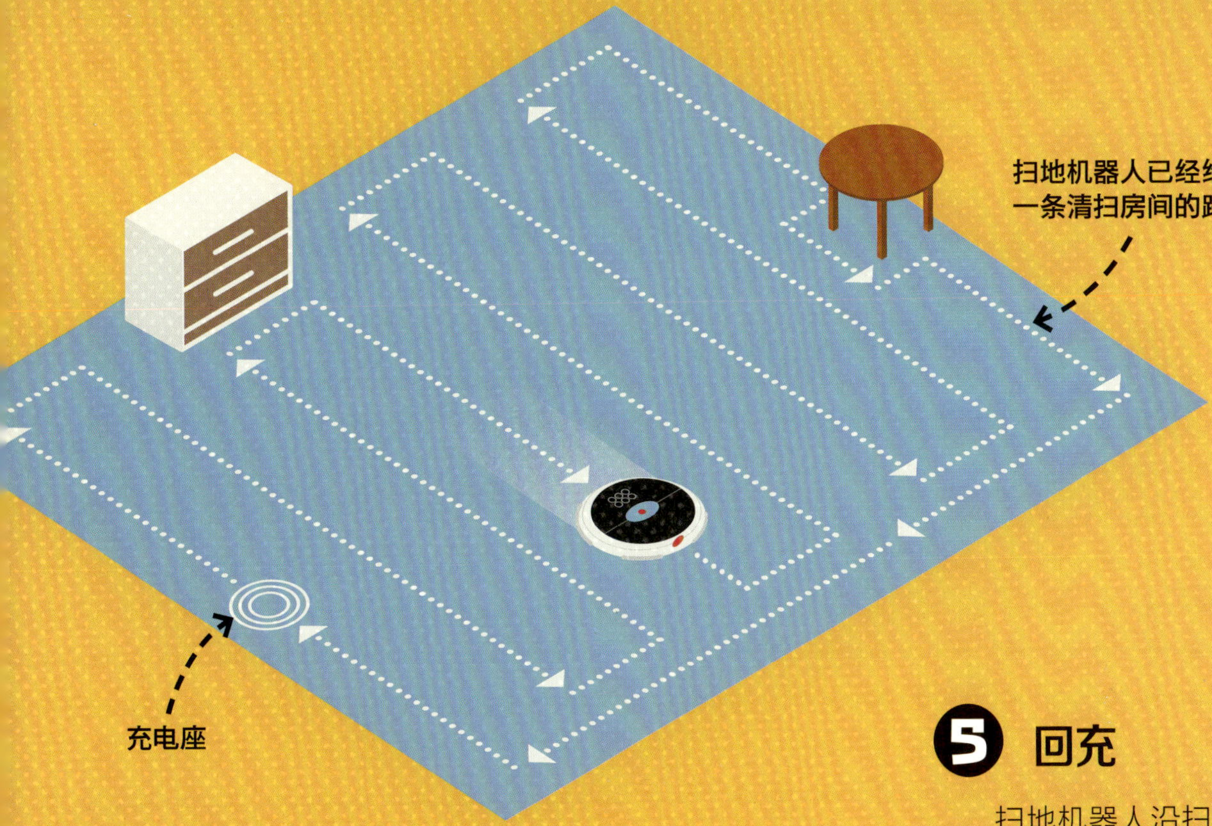

5 回充

扫地机器人沿扫地路线完成工作后，会回到它的充电座，给电池充电。

3 悬崖传感器

悬崖传感器可以判断出扫地机器人是否正在向台阶移动。

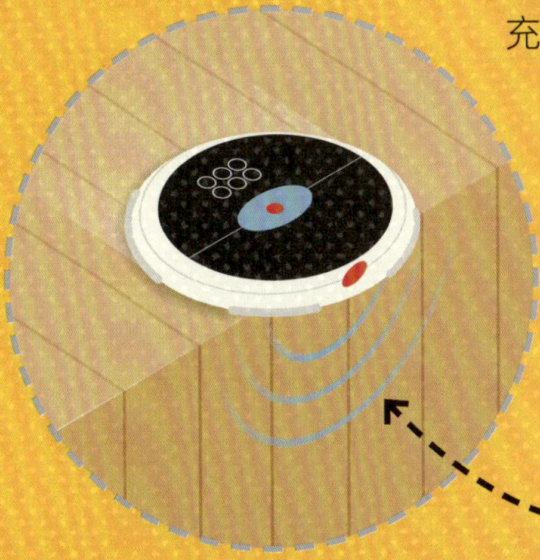

4 导航

扫地机器人利用传感器收集到的所有信息进行导航，并绘制出扫地路线。

动动手，动动脑

拿一张方格纸，画出你家里某个房间的平面图，设计一条可供扫地机器人清扫的路线。你能设计出一条可以清扫到所有角落的最短路线吗？

电视节目如何传输

每周，全世界都会有无数人在家里打开电视机，观看电视节目。那么，这些电视节目是如何从千里之外到达你家中的呢？

❶ 录制

摄像机以每秒24帧或更高帧率将摄像机前的影像录制下来——只有如此高的帧率，人类的眼睛才能把图片看作是动态影像。

❷ 图像

摄像机里的光源探测器将画面记录为数百根线条的组合。

❸ 声音

同时，麦克风也将声音录制下来，做到音画同步。

❹ 传输

将录制下来的画面和声音转为无线电信号，传输给发射器，就可以发送给千家万户了。

动动手，动动脑

一台高速摄像机每秒钟可以拍摄250帧，而一台普通摄像机每秒钟只能拍摄24帧。那么，5秒钟高速摄像机可以比普通摄像机多录制多少帧？

5 电视信号

发射器将无线电信号发出后，每家每户就可以用天线接收了。电视信号还可以发送给地球同步卫星，然后被家里的卫星天线接收。此外，电视信号还可以通过光纤电缆输送到家里。

6 在家看电视

电视信号到达家里后，通过信号线传输到电视机上，你就可以看到画面，听到声音了。

电脑如何工作

我们日常生活中使用的很多电子设备都会安装中央处理器，比如智能手机、平板电脑、汽车、冰箱、洗碗机等。尽管这些设备形形色色，可它们的工作原理都与电脑的大同小异。

❶ 输入设备

向电子设备中输入信息，首先要用到输入设备，比如键盘、鼠标、手机触屏或者洗衣机操作台上的按钮等。

❷ 处理

信息输入后，中央处理器可通过运行的软件来决定这台设备如何处理信息。

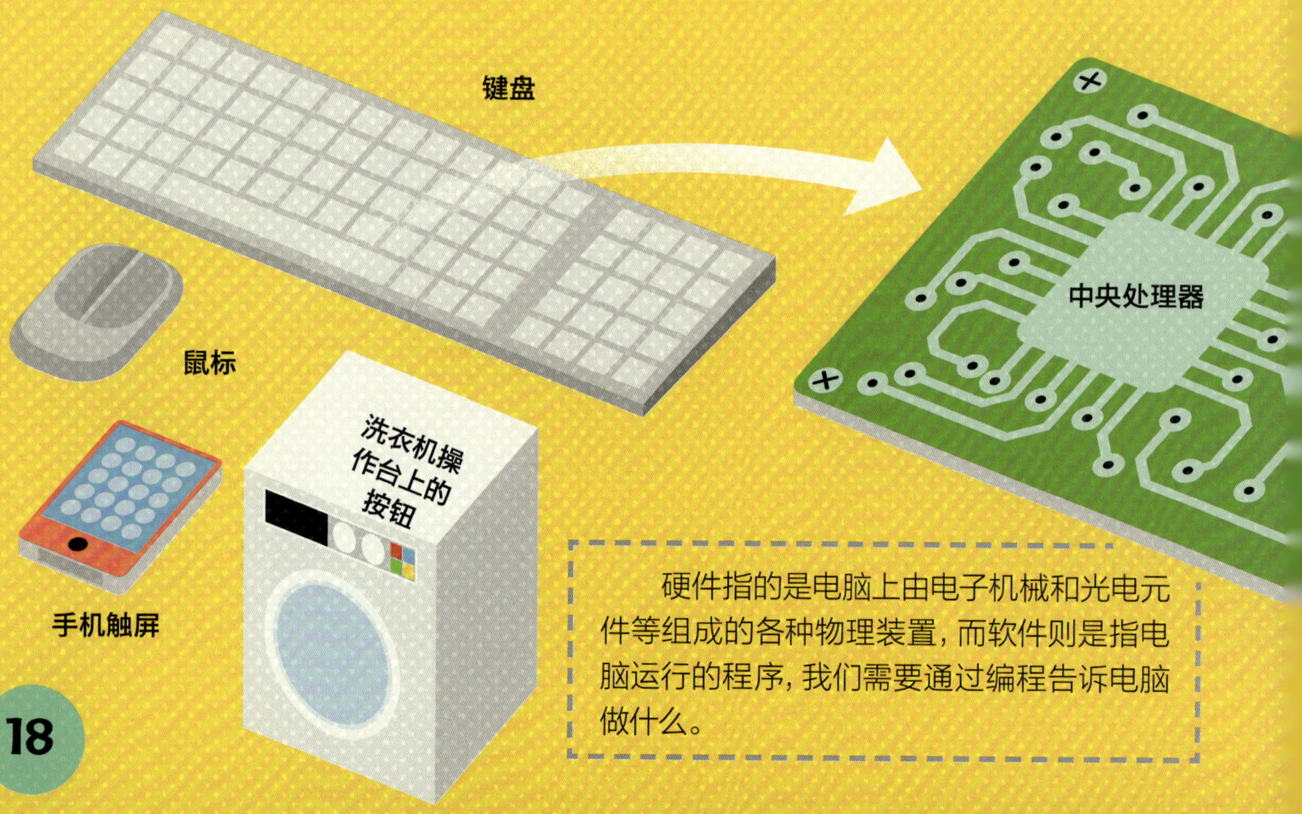

硬件指的是电脑上由电子机械和光电元件等组成的各种物理装置，而软件则是指电脑运行的程序，我们需要通过编程告诉电脑做什么。

动动手，动动脑

如果电脑硬盘的最大存储空间为528G，一部电影的大小为4G，那么这台电脑最多可以存储多少部这样大小的电影？

5 扩展设备

一些电脑还带有可移动存储设备，比如闪存盘等，可以存储文件而不必占用电脑的存储空间。

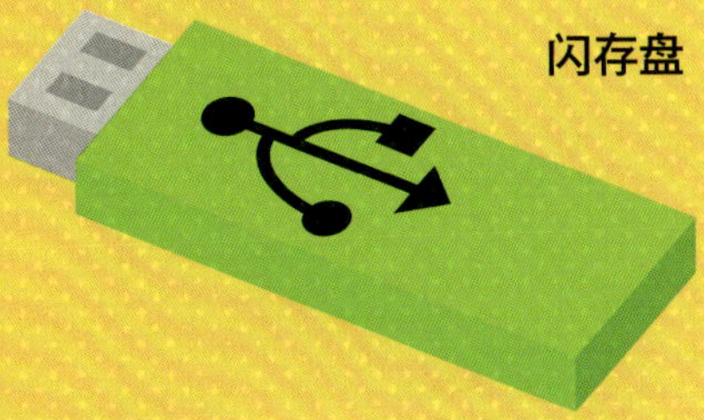

4 存储

电脑也有存储空间，用于存储图片、视频、文档等文件。

3 输出设备

随后，输出设备会运行指令。例如，电脑的显示屏会显示图像、扬声器会发出声音或者打印机开始打印文件。

音乐和视频如何被传输到各地

互联网的出现，让我们可以浏览世界上任意地区的网页，从而获取信息；它也能让我们传输流媒体，由此我们能够实时欣赏最新的音乐和影视节目。

1 服务器

当你传输一部电影时，你的电脑或者网页浏览器所连接的提供计算服务的设备，就是服务器。

2 数据包

服务器将电影文件分割成较小的文件，称为数据包。

3 不同路径

服务器通过互联网将数据包传送到你的电脑上。由于互联网在全世界有几十亿个接口，因此每个数据包都会使用一条完全不同的传输路径。

电脑上有一个临时存储空间，称为缓存。数据包到达并整合后，就存储在这个缓存区里

4 整合

所有的数据包传输成功后，你的电脑开始按照显示的顺序将各个数据包整合起来。浏览器上的进度条可以显示你浏览了多少内容，以及文件缓存了多少。

电脑将数据包整合

5 观看

在足够多的文件到达之后，电影开始播放，同时未到达的数据包仍会继续传输。所有的数据包都被浏览以后，就会从缓存区自动删除，给缓存区腾出空间，以便存储其他数据。

动动手，动动脑

在获得家长和老师的允许后，尝试在家里和学校里分别下载同一部电影。观察进度条和下载到缓存区所用的时间，看看在学校和家里哪里的下载速度更快。

手机如何通话

今天，世界上的手机数量比人口还多。只要离手机信号塔不太远，这小小的手机能让我们在地球上几乎任何一个角落里通话。

❶ 基站覆盖区

一个地区往往会被划分为多个六边形的基站覆盖区，每个区域里都设有一座手机信号塔。

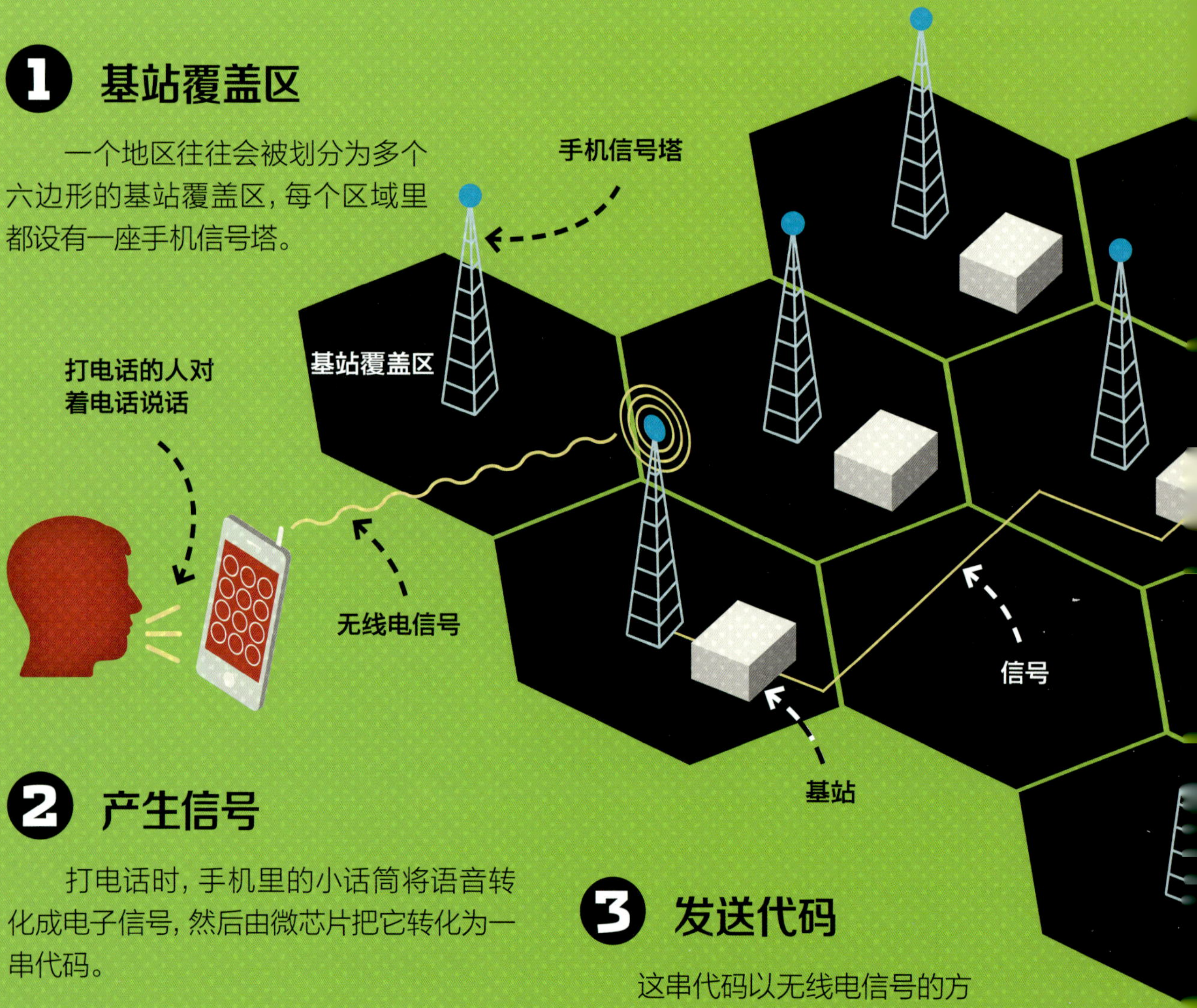

❷ 产生信号

打电话时，手机里的小话筒将语音转化成电子信号，然后由微芯片把它转化为一串代码。

❸ 发送代码

这串代码以无线电信号的方式通过手机天线发射出去。

动动手，动动脑

如果手机通话信号的传播速度为30万千米/秒，有两个人相距9 000千米，那么，他们发送的国际短消息到达对方手机上需要多少秒？

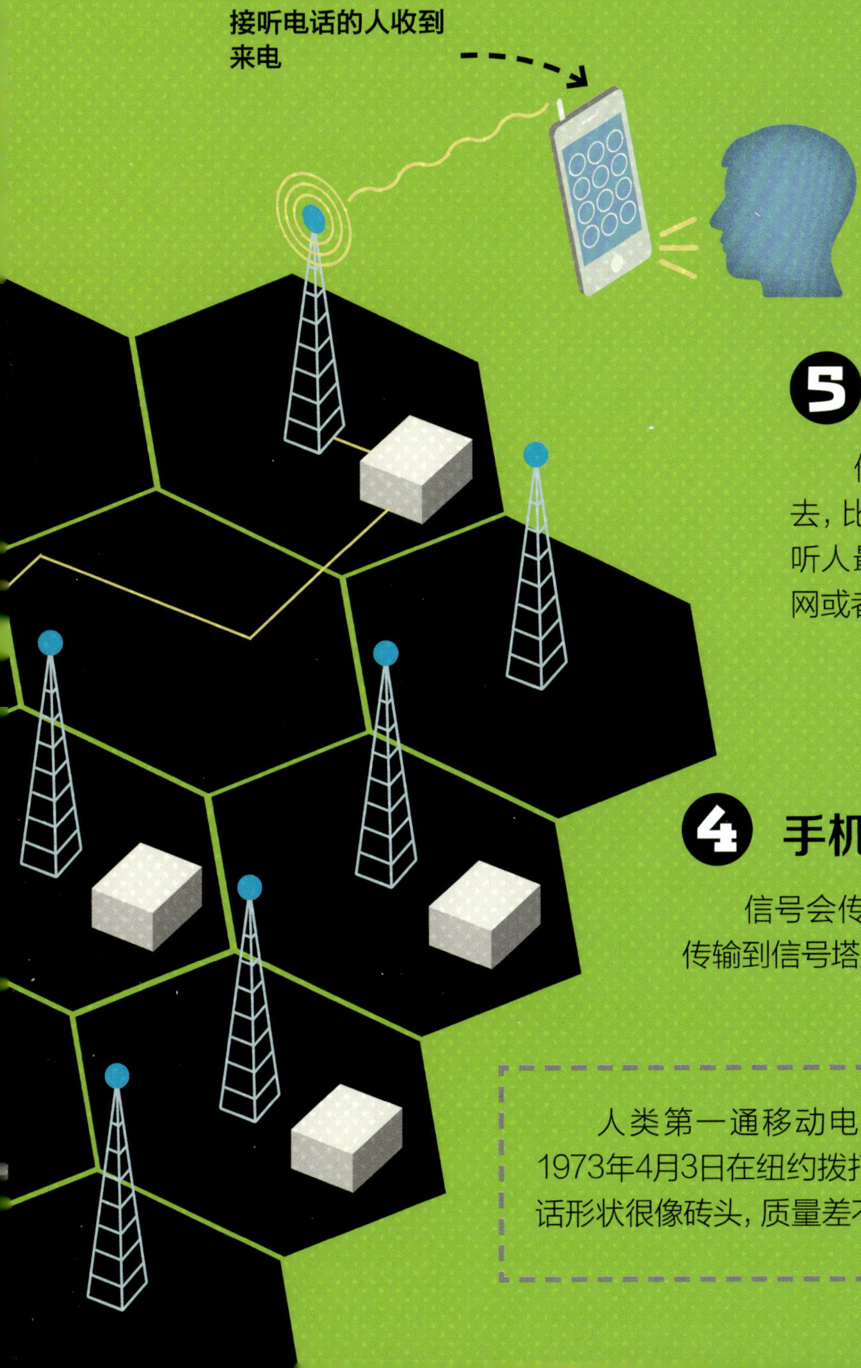

❻ 接收信号

接听电话的人的手机又将信号转化为语音。

❺ 传输

信号可沿多条路径从基站传输出去，比如可以直接传输至距离电话接听人最近的基站，也可以通过电话主网或者卫星传输。

❹ 手机信号塔

信号会传送到最近的手机信号塔，然后传输到信号塔所在的基站。

人类第一通移动电话是由马丁·库帕于1973年4月3日在纽约拨打的。他当时使用的电话形状很像砖头，质量差不多有1千克！

触摸屏的工作原理

触摸屏的出现，让我们输入信息或者与设备交互时，不再需要鼠标，只需轻轻一点就可以了。触摸屏主要分为两类，电阻式触摸屏与电容式触摸屏。触摸屏现在已经被广泛应用于包括智能手机在内的各种电子设备。

❶ 柔韧度高的薄膜

电阻式触摸屏是在玻璃层上覆盖一层柔韧度很高的塑料薄膜。

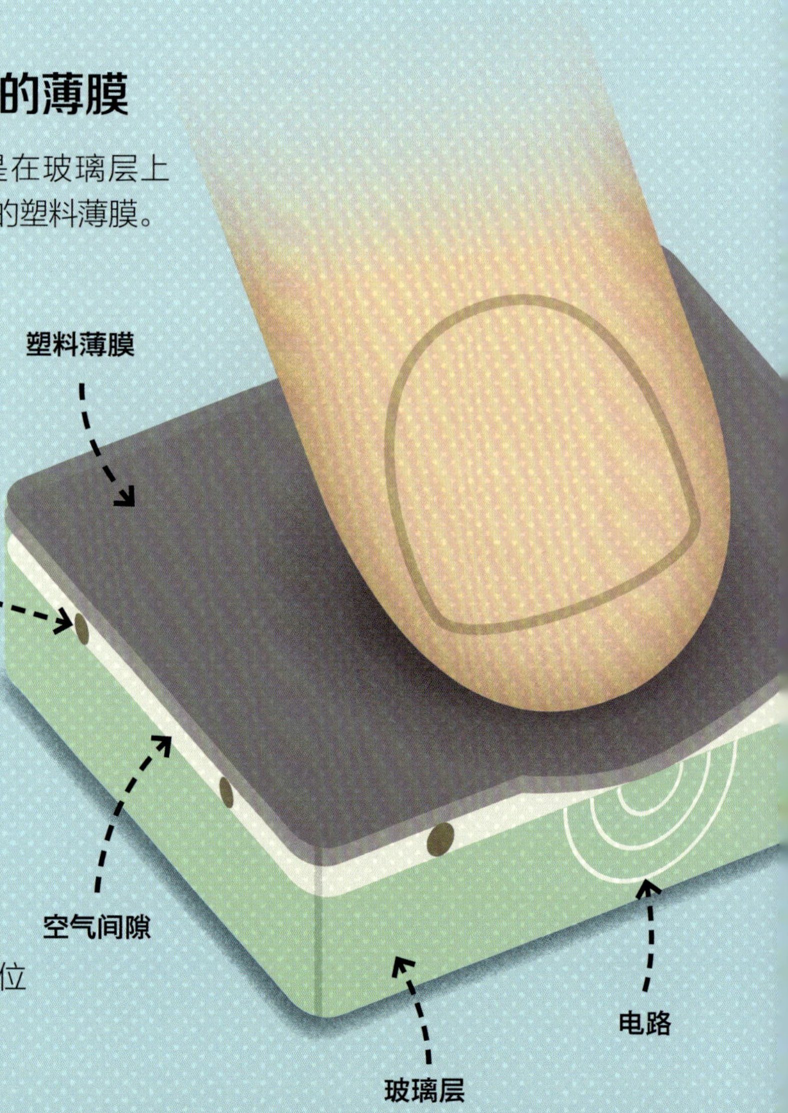

❷ 电路

触摸上层的塑料薄膜时，会同时按到下面的玻璃层，形成一个小的闭合电路。

❸ 计算

屏幕里的电脑芯片感知到压力的位置，然后计算出你想执行的指令。

电阻式触摸屏一次只能触摸一个点，而电容式触摸屏可以支持多点触摸。现在的智能手机上安装的多是电容式触摸屏。

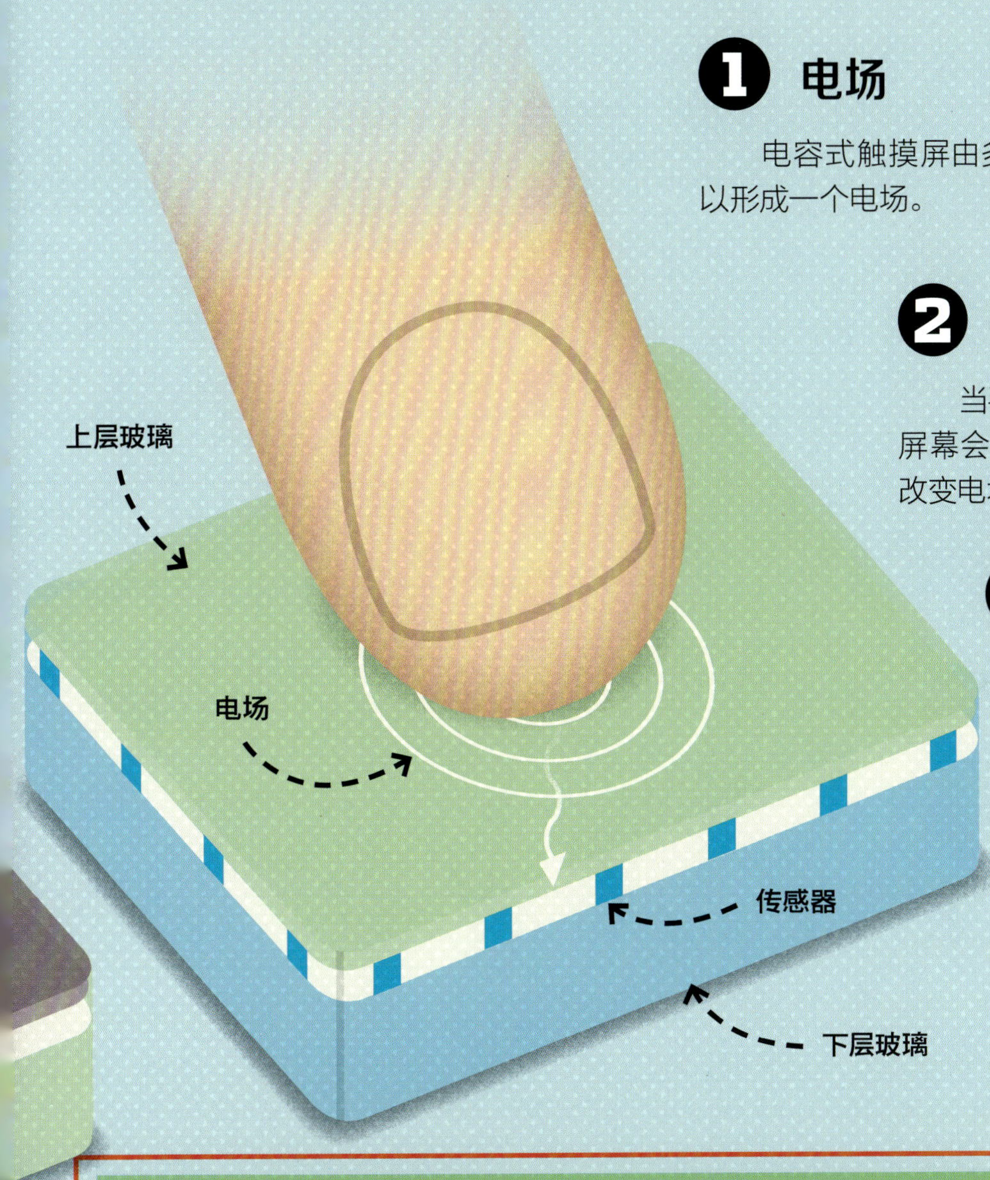

❶ 电场

电容式触摸屏由多层导电玻璃构成，可以形成一个电场。

❷ 电场变化

当手指触摸外层屏幕时，屏幕会根据手指按动的位置改变电场。

❸ 解读指令

电脑芯片探测到屏幕上的电场变化，计算出你想执行的指令。

动动手，动动脑

列一份清单，写下你家庭中、学校里和所在的城市中用到触摸屏的设备。你能搞清楚哪些用的是电容式触摸屏，哪些用的是电阻式触摸屏吗？

全球定位系统如何找到你

构成全球定位系统（GPS）的是环绕地球轨道运行的卫星。通过它们发送的信号，我们可以确定自己所处的位置。在理想状态下，卫星可以将位置锁定在几米的范围内。

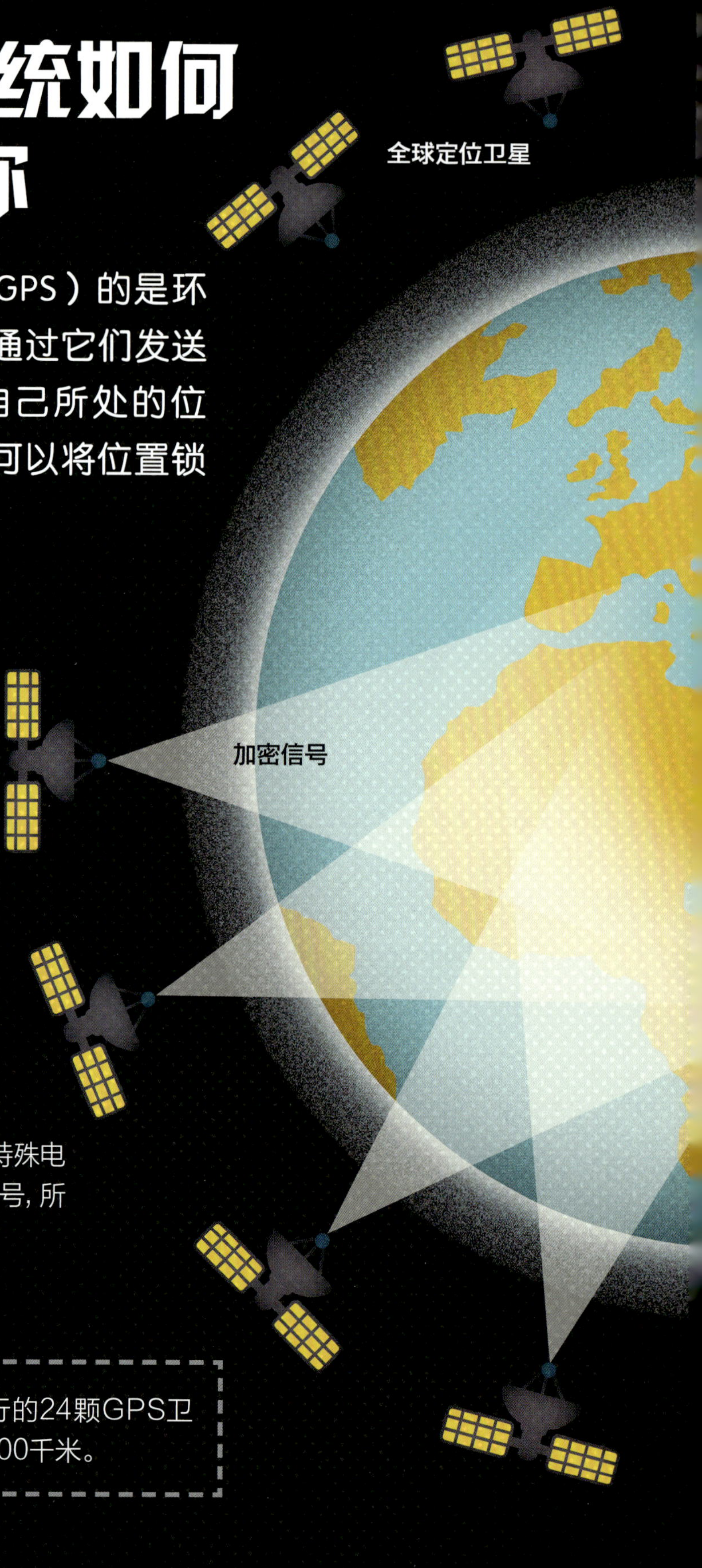

❶ 轨道卫星

不论你身处地球的哪个角落，总会有几颗卫星飞行在你头顶上的太空中。这些卫星在持续不断地向地球发射信号。

❷ 电码信号

每颗卫星发射的信号都有自己的特殊电码和精确的发出时间。由于是无线电信号，所以它们可以以光速传播。

围绕地球轨道运行的24颗GPS卫星平均轨道高度为20 200千米。

动动手，动动脑

使用指南针，并尝试利用周围至少三座不同的建筑物或其他物体作为参照，看看你能否在地图上标出自己的位置。

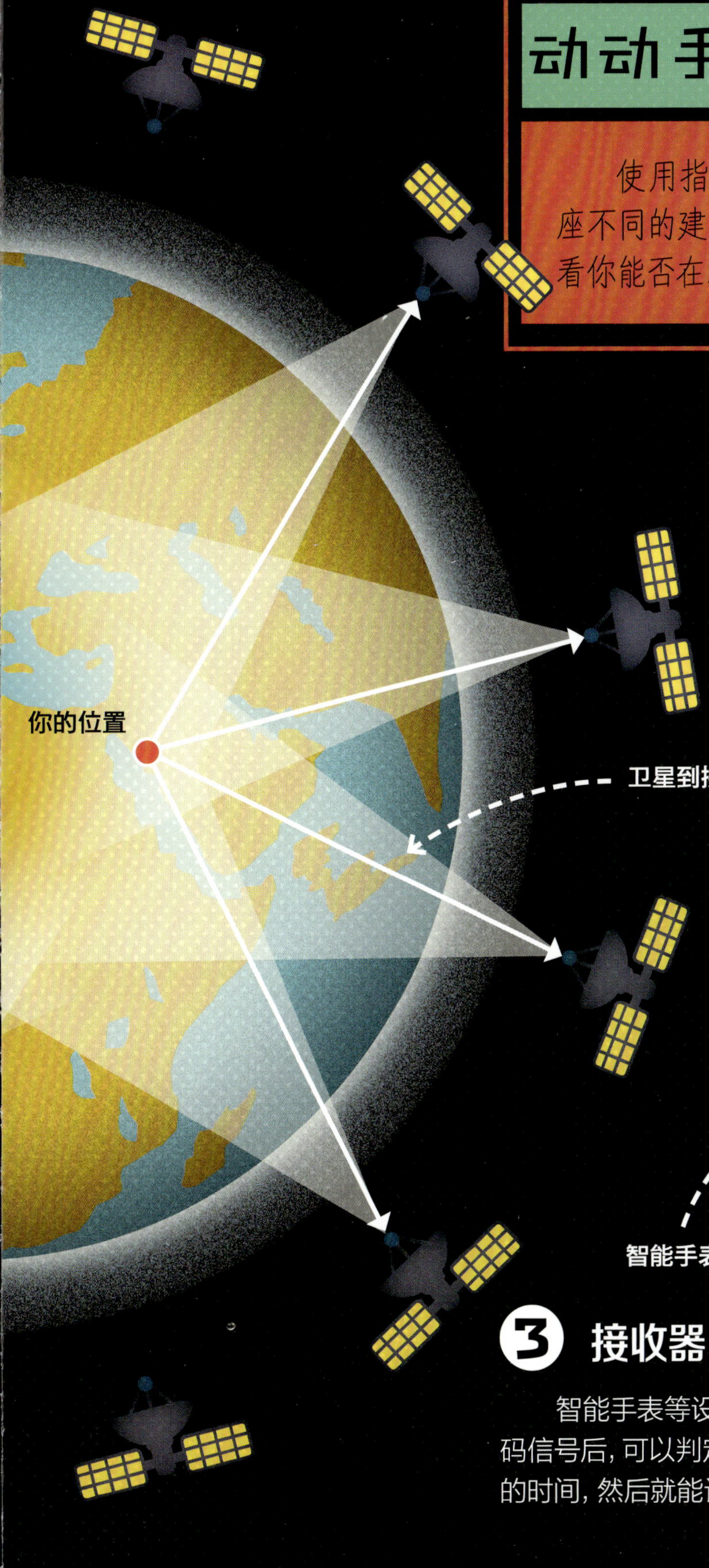

❹ 定位

利用这个距离信息，可以确定你在地球上所处的位置。接收到三颗卫星发射的信号，就足以确定你的位置；接收到四颗卫星的信号可以计算出你所处的海拔高度。

❸ 接收器

智能手表等设备里的GPS接收器接收到电码信号后，可以判定信号离开卫星和到达接收器的时间，然后就能计算出到这颗卫星的距离。

3D打印机如何制作物品

过去，要想制作一个物品，首先你需要切割木头、塑料或者金属等物品，再一点儿一点儿雕琢出你想要的物品，最后剩下一大堆废弃物。现在，使用3D打印机，就可以不用如此浪费地制作新物品啦！

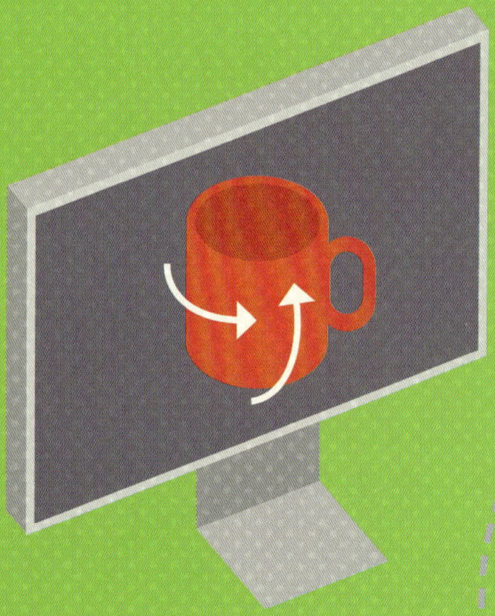

❶ 数字建模

利用电脑，给想要打印的物品建模。

❷ 切片

利用软件将模型分为不同的截面。

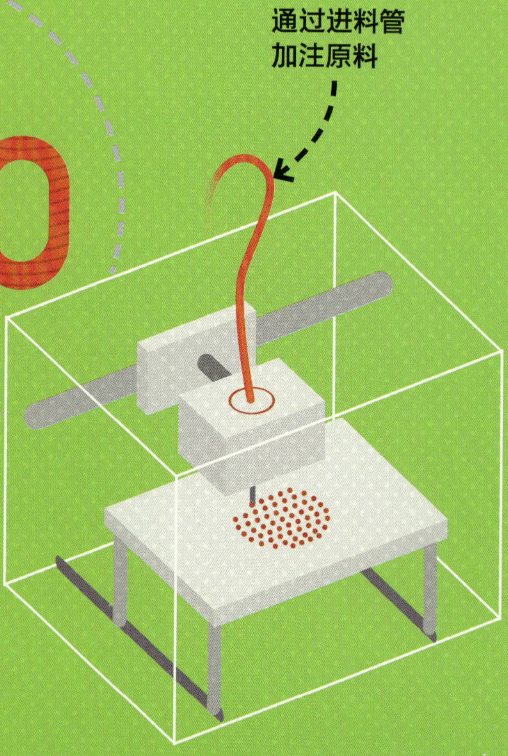

❸ 打印

将每个切片的指令输入打印机后，打印就开始了。

动动手，动动脑

拿一件日常用品，比如茶杯或者网球，你能画出3D打印机打印过程中的切片图吗？

❹ 黏合

通过进料管给打印机加注熔融状态的塑料或者粉末状的金属等可黏合材料，打印机将原料制作成各个切片后，再用胶水或者紫外线将各个切片黏合在一起。

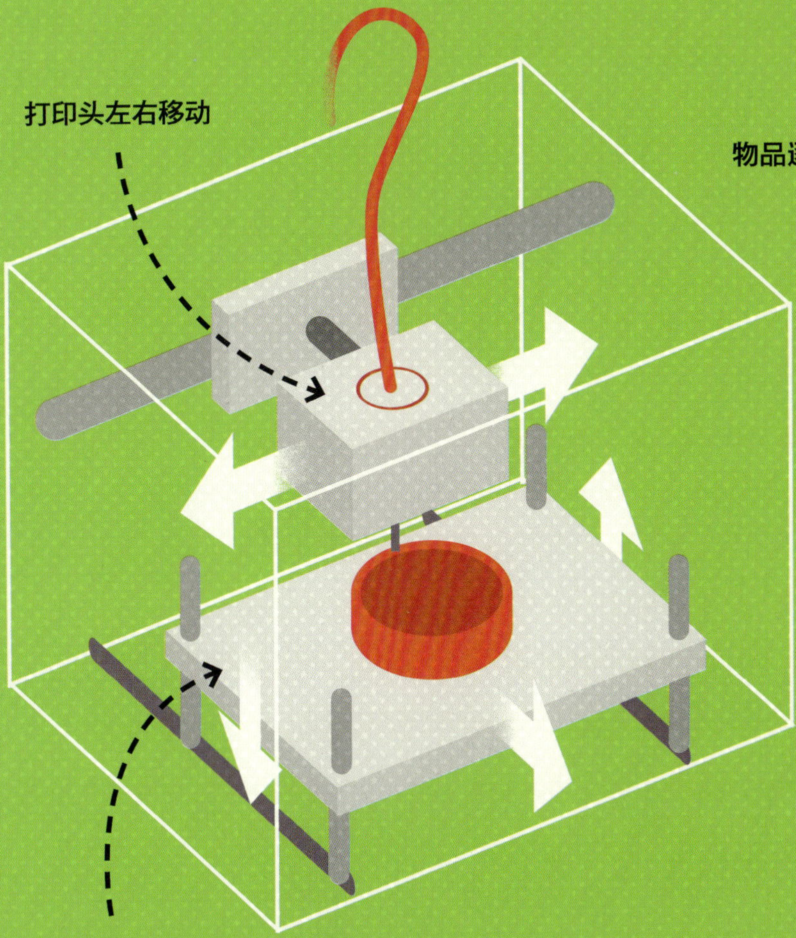

❺ 逐层打印

每完成一个切片，打印机就会打印下一个，逐渐将整个物品打印出来。

❻ 打磨

在各个切片全都打印完成后，打印机会把物品打磨光滑，去掉各个切片粗糙的边边角角。

* 本书插图系原文插图。

“动动手，动动脑”参考答案

第8～9页：1 200×50=60 000小时。

第10～11页：总共需要12.5分钟，即750秒。

第12～13页：手指会感到越来越热，因为压缩空气会产生热量。

第16～17页：普通摄像机在5秒钟内拍摄120帧，高速摄像机可拍摄1 250帧，高速摄像机比普通摄像机多拍摄1 130帧。

第18～19页：可以存储132部。

第22～23页：9 000÷300 000=0.03秒。

出版统筹：张俊显
品牌总监：耿　磊
责任编辑：王芝楠
助理编辑：韩杰文
美术编辑：刘冬敏
版权联络：郭晓晨
营销编辑：杜文心　钟小文
责任技编：李春林

Today’s Technology (Infographic: How It Works series)
Editor: Jon Richards
Designer: Ed Simkins
First Published in Great Britain in 2016 by Wayland
Copyright © Wayland, 2016
All rights reserved.
著作权合同登记号桂图登字：20-2018-022 号

图书在版编目（CIP）数据

日新月异的科技 /（英）乔恩·理查兹，（英）艾德·西姆金斯著；马阳阳译. 一桂林：广西师范大学出版社，2019.10（2020.10 重印）
（“信息图少儿奇趣百科”系列）
书名原文: Today’s Technology
ISBN 978-7-5598-2184-3

Ⅰ. ①日… Ⅱ. ①乔…②艾…③马… Ⅲ. ①科学技术—少儿读物 Ⅳ. ①N49

中国版本图书馆 CIP 数据核字（2019）第 190669 号

广西师范大学出版社出版发行
（广西桂林市五里店路 9 号　邮政编码：541004
网址：http://www.bbtpress.com）
出版人：黄轩庄
全国新华书店经销
北京博海升彩色印刷有限公司印刷
（北京市通州区中关村科技园通州园金桥科技产业基地环宇路 6 号
邮政编码：100076）
开本：787 mm × 1 092 mm　1/16
印张：2.5　　字数：45 千字
2019 年 10 月第 1 版　　2020 年 10 月第 2 次印刷
审图号：GS（2019）76 号
印数：5 001~11 000 册　　定价：39. 80 元
如发现印装质量问题，影响阅读，请与出版社发行部门联系调换。